不织布 手工课

15天从零到精通

丁可 著

U0301138

中国宇航出版社

·北京·

图书在版编目(CIP)数据

不织布手工课：15天从零到精通／丁可编著. ——
北京：中国宇航出版社，2014.1
　　ISBN 978-7-5159-0535-8

　　Ⅰ．①不… Ⅱ．①丁… Ⅲ．①布料－手工艺品－制作
Ⅳ．①TS973.5

　　中国版本图书馆CIP数据核字(2013)第275844号

责任编辑	刘　唯　卢　珊	**版面设计**	谭　颖	
责任校对	方　妍	**封面设计**	关聪龄	

出　版
发　行　**中国宇航出版社**

社　址　北京市阜成路8号　　　**邮　编** 100830
　　　　(010)68768548
网　址　www.caphbook.com
经　销　新华书店
发行部　(010)68371900　　　(010)88530478(传真)
　　　　(010)68768541　　　(010)68767294(传真)
零售店　读者服务部　　　　　北京宇航文苑
　　　　(010)68371105　　　(010)62529336
承　印　北京新华印刷有限公司

版　次　2014年1月第1版
　　　　2014年1月第1次印刷
规　格　787×1092
开　本　1/16
印　张　5.75　**插　页** 3
字　数　50千字
书　号　ISBN 978-7-5159-0535-8
定　价　28.00元

本书如有印装质量问题，可与发行部联系调换

前言
PREFACE

　　在我心目中，做手工一直是一件特别神圣的事情。从一开始脑中出现的一丝灵感，寄托于制作人的手和针、线、布，融合在一起，最后变成一个独一无二的手工作品，这过程本身就是一种无上的享受。

　　我相信有很多人看到手工制品的时候都会觉得很温暖，很心动，觉得手工做出来的东西有种特别的魅力。我想，这种特殊的魅力大概就是做手工的人倾注在作品中的感情吧。

　　不织布，又叫无纺布，是由定向的或随机的纤维构成的新一代的环保材料。它没有经纬线，不产生纤维屑，剪裁和缝纫都非常方便，和棉织品相比，不织布的质量很轻又容易定型，而且更便宜、更环保，所以一直以来都深受手工爱好者的喜爱。

　　不织布也是我心头的最爱，因此我这第一本书，也贡献给了它！我把自己对手工的热情，都倾注在我做的每个手工作品和每一篇教程里，因为我想感染大家，让你们对手工也能有跟我一样的热情。

　　这本书是为了教会大家做出更多好看的、温暖的、可爱的不织布手工作品而存在的。从最简单实用的基本功教起，介绍了各种材料工具的用途，以及一些我长期做手工得出来的小技巧。然后我选了15种难度不高，也比较实用的手工作品来给大家参考，也希望大家能够做出比我更好的作品。

本书分为四个部分，教会大家不织布手工基本功和 15 种可爱的不织布手工作品。

第一部分：简单基础学起来，主要是讲解不织布手工制作的材料、工具及针法和准备工作等。

第二部分：卡哇伊小物秀出来，这部分为读者准备了可爱的 5 款不织布小物件，方便读者入手学习；

第三部分：有爱包包用起来，主要介绍了 5 种小包包的制作，如手机包、私物包、钥匙包、零钱包等，可以自己扩展它们的队伍哦！

第四部分：可爱东东摆起来，介绍了 5 个可爱的不织布摆件，如生日蛋糕、笔筒、相框、欢迎挂牌及首饰盒等，既可以装饰姑娘们自己的小房间，又可以当做小礼物送给小姐妹们！

读者学习手工的难点，主要有两点，而书中也会兼顾这部分内容。

第一点是创意与灵感。对有点手工基础的人来说，学会怎么做问题不大，那怎样设计出属于自己的作品呢？书中会详细说明作者的设计心得，如怎么将设计想法绘制出来，并动手实现等，读者可以借鉴和参考一下，关键是善于观察生活，生活中有很多的创意，是灵感的源泉哦！

另外一点是方法与技巧。对于没有手工基础的人，尤其是那种连针都没有拿过的人来说，做手工还是有挑战的，建议可以先跟随本书来做，按照制作步骤一步步操作，做几个后，不仅会熟练针法，也可以做出和作者一样的不织布手工作品，提高成就感。书中主要讲解的作品在附录中，附有纸样，有兴趣的读者可以根据纸样来实践一下。如果可以都跟随全书做下来，熟能生巧，加上平时多注意积累，肯定可以做出自己的不织布作品。做手工是需要耐心的事情，但是不织布小手工有个特点，就是不用太长时间就可以完成，所以等你熟悉针法后，利用短时间可以完成一件小物件，也是件幸福的事情啊！

这本书适合喜欢手工，想要学着去做的人；会做手工，想要找到更多灵感的人；喜欢不织布，喜好制作小物件的人。

从很小的时候开始，我就对手工有着很强烈的兴趣，那时候完全没有想到自己有一天可以把自己做的手工出成一本书。所以真的很兴奋，也很感动。我知道，能有这么一天，我有很多要感谢的人。

首先要感谢我的父母，因为他们不会刻意诱导我的发展方向，鼓励我选择自己的兴趣并且一路走下来。没有他们的鼓励和信任，我想我不会对自己的手工这么有信心，也就不会有这本书了。

还要谢谢找到我并且询问我要不要出书的编辑。我以前虽然会做手工并且拍照片上传到博客，但是却没想过自己要出书。是编辑给了我一个这样机会去实现一个甚至不曾想到过的梦想，让我可以拥有自己的第一本书。

最后谢谢支持我，鼓励我，喜欢我的手工的朋友们，不论你们是在我身边，还是仅仅在我的博客上看到过我的手工。对我来说，你们收到我亲手做的礼物时脸上的笑容，或是在我手工日志下面欣赏的评论，都是让我坚持做下去的动力。

真的，谢谢你们。

丁 可

2013.6.27

目 录
CONTENTS

Part 1 简单基础学起来

Part 2 卡哇伊小物秀出来

Part 3　有爱包包用起来

Part 4　可爱东东摆起来

Part 1　简单基础学起来

材料工具介绍

这一章小可将为大家简单介绍一下做手工必备的工具和一些常用的材料，也就是基础中的基础。这样大家能对手工有一个基本的认识，后面的教程也会更容易理解。So，Let's begin！

工具介绍

大家都知道，工欲善其事，必先利其器。这一节小可为大家介绍的是 DIY 必不可缺的利器。虽然有些工具在日常生活中很常见，但是不要小瞧它们哦，它们在手工制作中的地位可是无可取代呢！

1．剪刀
使用率：★★★★★

毋庸多言，这个是做任何手工都必需的。对于一个经常做手工的人来说，一把好的剪刀，会帮你很大忙的哦！小可自己可是有四五把不同型号和款式的剪刀呢！

剪 刀

2．消失笔
使用率：★★★★☆

也是做手工必备的。消失笔分为水消笔和气消笔，水消笔画在布上的痕迹只要抹上水就会消失。气消笔更为方便，静置一定时间，痕迹自己就会消失了，很神奇吧？

想当初小可一直觉得拥有一只水消笔是件很光荣的事情。现在消失笔已经很普及了，大概两三块就能买到。

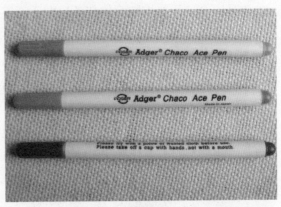

消失笔

3．热熔胶棒
使用率：★★★★☆

这是懒人手工必须要用到的！用于粘合一切你不想缝的部位，又便宜又实用，小可很推荐！一般网购只要三五毛钱就够了。

使用方法是加热使之熔化，涂到需要粘合的部位，然后等它冷却了就粘牢了。很多人选择直接用火加热，但是小可觉得不安全，手工原本是很温和的事情，万一发生烫伤什么的就太惊险了，所以推荐使用下面的热熔胶棒。

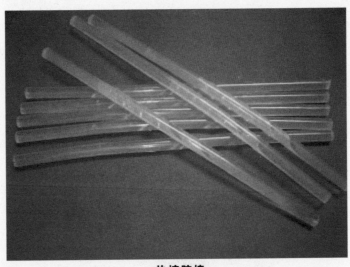

热熔胶棒

4．热熔胶枪
使用率：★★★★

这是安全使用热熔胶棒的装备！做手工还是安全第一啊，安全第一！

小可认为基本可以把胶枪分成两种，一种是没有安全开关的，一种是有安全开关的。没安全开关的，插上插头就直接开始加热，加热，加热！这种比较普遍，也比较便宜，五六块钱的样子。有安全开关的那种，插上插头之后可以通过安全开关控制是否加热，更加保险点，十几块钱吧。

身为一个无比重视安全的孩子，你们知道我是肯定更推荐后者的，对吧？嘿嘿～小可自己的胶枪是网上十几块买来的，有开关的，用了五六年了，依旧顽强坚挺。

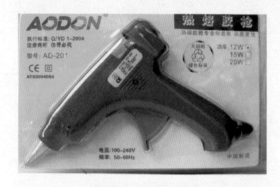 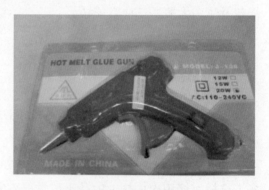

无安全开关的热熔胶枪　　　　　　　　有安全开关的热熔胶枪

5．酒精胶
使用率：★★★★

懒人必备！也是用于粘合的，不同于热熔胶，酒精胶是常温下直接使用的！优点是步骤简单，直接粘就行了，缺点是风干时间长。

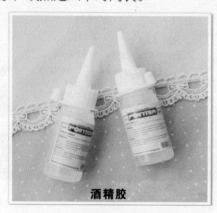

酒精胶

6. 珠针
使用率：★★★
用于固定未经缝合的布之类的，小可有一整盘，不过不怎么用就是了。

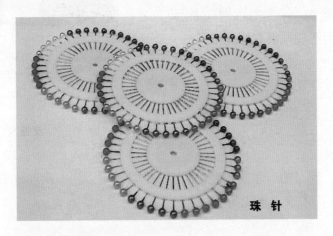

珠 针

7. 顶针
使用率：★★★
用于帮助针线穿透较厚较多层的布。不要觉得这是奶奶辈的人才用的哦！小可的手有时候会因为用力推针变得很痛 T_T。

8. 直尺
使用率：★★

自己画纸型的时候也许会用到。非必需，如果是使用材料包，或是现成纸样比较多的，就可以不用了。但当你自己想到什么创意，想要设计纸样，画形状，就要用到了。

顶 针

直 尺

9. 皮卷尺
使用率：★★★

用于测量非直线的长度，比如周长什么的，还是需要备着滴。小可每次网购东西，店家都送这个，现在貌似都有四五个了……

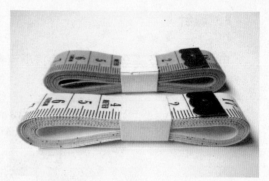

皮卷尺

10. 镊子
使用率：★★

方便塞棉花，非必需。你们知道吗？镊子的功能可以用一次性筷子代替，戳，戳，戳，棉花就乖乖的了！又省钱又环保，废物利用。

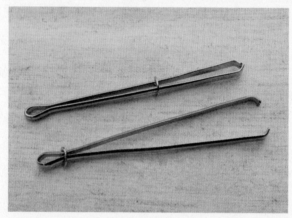

镊 子

常用材料介绍

工具介绍完了，接下来该讲讲材料了。巧妇难为无米之炊，没有材料，工具再齐全也没有用呀。别以为手工的材料就是布哦，其实很多我们意想不到的东西，都是可以作为手工材料的，就看你有没有一颗善于发现和利用的玲珑心了~！

不织布
使用率：★★★★★

不织布手工嘛，不织布当然是必需的咯。建议入手个套包，然后个别颜色多备几张，基本就黑、白、皮肤色，有特别偏好的自己看着办吧。

关于不织布的套包呢，一般大小就是50cm×50cm左右一张，里面不重复的颜色很多张。一般都会配些线啊小配件什么的，也就二十几块吧，所以我觉得还是挺划算的！

新手的话，二十色左右的套包就足够了，做得多的话，可以买更多颜色的。小可有好多个套包，最早的一个是初中时候同学送的一个四十多色的套包，除了黑白色用得比较狠，其他颜色基本都没怎么用。由此可知，不织布是又实惠又耐用啊！

各色棉线
使用率：★★★★★

有布就一定要有线嘛，没线怎么缝呀！线不值钱，所以一般会随材料包附赠的，但是个别颜色（黑白）不耐用，记得多储备点。

也有专门买线组的人，比如小可我。我有很大一盒的线……主要是看着很多各种各样颜色的线，心情会很好^_^。

各色棉线

填充棉
使用率：★★★★★

只要你打算做立体的东西，棉花就是必需的。

棉花比线还便宜，而且只要你买了不织布，店家就会送。小可因为太经常网购，家里的棉花都快堆成山了……

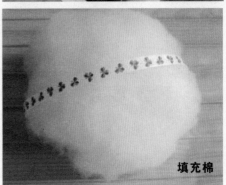

填充棉

龙虾扣
使用率：★★★★

手机挂件必备！网店一般一块钱五个，可是有些质量不是很好的，口儿那里会卡住。小可一般买一块钱三个的，心里总觉得还是一分价钱一分货啊！

龙虾扣

钥匙扣

钥匙扣
使用率：★★★★

钥匙环挂件以及钥匙包必备！价格比龙虾扣要贵点，一般五毛钱吧。

按扣

使用率：★★★★

一般在做放整个物体的包包时使用，比如手机包、PSP包、移动硬盘包等。有大有小，有金属的有塑料的，有各种颜色……

用这个扣的前提是你包包里装的东西不容易掉出来，所以做零钱包一般不用这个扣，注意一下哦！

按扣

魔术贴
使用率：★★★★

用法同按扣，只不过按扣是扣牢的，这个是粘牢的。

其实小可不是特别建议用魔术贴做不织布手工，因为刺刺的那一面会把不织布勾起毛……

魔术贴

别针
使用率：★★★

一般做徽章的时候用到，可以用粘的也可以用缝的，当然款式也是多种多样。

别　针

拉链

使用率：★★★★

一般在做放零碎物品的包包时使用，比如零钱包。用拉链可以避免东西掉出来，所以放零碎东西的包包都用拉链。

拉　链

各色皮绳棉绳
使用率：★★★★

钥匙包必备，其他地方也经常用到的！这个因为种类比较多，价格也高低各异……小可喜欢那种摸起来有点毛茸茸的方形皮绳，很有质感的说～！

各色皮绳棉绳

各种丝带花边条状物
使用率：★★★

一般用于装饰，不是所有手工都要用到的，种类繁多，价格各异。小可虽然不常用，但是很喜欢收藏好看的丝带和花边。那种米色的棉质编织蕾丝花边我最喜欢了，特别小清新！

各种丝带花边条状物

各种纽扣
使用率：★★★

装饰用，多用于做动物的眼睛。普通纽扣还是很便宜的，但是有些特别的就很贵了，我看到过一颗就要五块钱的……小可囤了很多纽扣，但是每次做动物玩偶的时候都忘记用……

各种珠子
使用率：★★★

用于装饰，也常用于做眼睛。比如，如果做的小动物需要一双绿豆眼，就可以用黑色的小珠子哦！

各种纽扣

各种珠子

材料购买渠道

我相信很多人都是多少有那么点喜欢手工的，就是不知道怎么买到需要的材料，才一直没有付诸实践。因为小可曾经也是这样的。

现在呢，我给大家介绍几种购买材料的渠道，大家自己看一下哪种比较适合自己哈！

第一种 最方便最普及——淘宝

小可自己也是通过淘宝买到各种材料和工具的，毕竟又便宜又省事，懒人都喜欢，不是嘛。现在淘宝上手工类店铺已经很多了，涉及的面也很广，基本上什么材料工具都买得到，所以这一种小可是绝对推荐的！后面几种渠道，是给无论如何也没法淘宝的孩子看的……

关于详细的淘宝步骤嘛，下面容我细细说来。

首先，你要做的就是搜索自己所需要的材料或者工具。当然，如果你有很多东西要买，可以直接搜索手工制作的店铺，关键词一般有"手工制作"、"DIY"，或者详细一点的比如"不织布手工"等。

其次，我们要做的是货比三家。网上的店铺多，宝贝多，很容易挑花眼，这时候就需要有一双亮晶晶的火眼金睛啦！

我们比较宝贝的可购度时，一般有三个要素要考量：价格、评价和信用。东西是得挑便宜的，但是评价超烂的店你敢买吗，信用很低的店你敢买吗？你敢买我也不敢让你买啊，这不明摆着买了肯定要后悔嘛。所谓的网购达人，其实就是比较擅长在买东西的时候取得这三个要素的平衡啦！在评价和信用都不错的前提下购买价格最划算的宝贝，才是上上之策哦！

啊，对了，邮费也是一个考量指标，太偏远地方的邮费很贵，如果买的东西价格不是特别高，付很多邮费也会很不划算啦。

最后，挑选好宝贝，付完钱，就可以坐等快递员送货上门啦！收到之后确认收货评价什么的，搞定一下就 OK 啦！

第二种 上网搜索当地的手工材料实体店

这种方法不太方便，而且现在手工材料的实体店太少，不一定找得到……

如果是实体店，价格肯定就不会跟网上一样低了！小可有次在一家实体店里看到胶棒都要一块多一根！

第三种 文化用品商城里寻找

有些时候会在文化用品城里看到卖手工材料的店铺，但是通常这类商品不是人家的主业，所以东西不全或者看上去很旧，这种情况经常发生。有的老板啊，你问他会不会再进货，他嘴上答应给你进给你进，你跑好几趟他就会说，下次进下次进……

第四种 厂家直购

这个方法比较有难度。找到厂家不是什么难事，难的是让人家卖给你，毕竟人家都是做大生意的，你就买那么点小碎布头子，人家估计不乐意卖。这种方法，适合想直接开网店的人。

针法介绍及手作前的建议

这一部分小可主要教大家一些做手工的常用针法。当然了，做手工要缝布，也绝对不可能只有一种针法。不一样的针法可以体现出不一样的效果，所以大家还是要尽量都熟练掌握哦，多多益善嘛！

针法介绍

这一节内容主要给大家讲解一下，不织布制作中的常用针法，大家可要认真学习哦，这样后面的制作中才可以应用自如。

1. 跑马针

这种针法是手工缝纫中最基本的一种，一般用于勾边、两块布的简单缝合或收口。

之所以叫跑马针，是因为缝的时候，只要保证在一条直线上缝进缝出就好，就像跑马一样。

缝法：先在布的反面打好结，针在布的近边缘处从布下穿出，隔一小段距离再平行于边缘穿入。不断重复该步骤，最后在布上形成一条直虚线。

注意：每次缝出来的实线部分和间隔要尽量一样长哦，那样会比较美观。

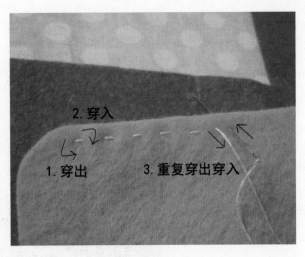

2. 回缝针

这种针法是基于跑马针的缝法演变的，一般用于两块布的缝合，比跑马针牢固。因为是在跑马针的基础上回缝，所以叫回缝针。

缝法：

①以跑马针缝出所需路线。

②在跑马针的基础上，回过头来，从第一个间隔处贴着原来的针脚处穿出，再从下一个针脚处穿入，填补间隙。如此重复，将原本的虚线补成实线。

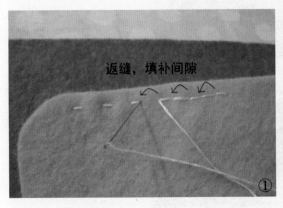

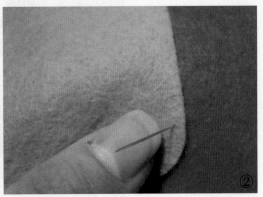

3. 贴布缝

这种针法一般用来将一块较小的布固定到一块较大的布表面，因此叫贴布缝。这种针法用处较多，如包包上图案的固定，或是小动物五官的固定等。

缝法：

①将针从两层布的下面穿出。

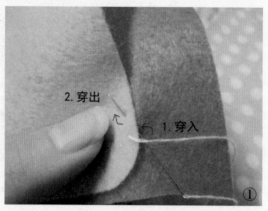

②在上层布的边缘处穿入下层布，再间隔一段距离从两层布下穿出。

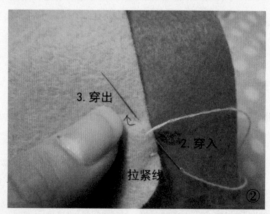

③拉紧线，然后重复步骤②。

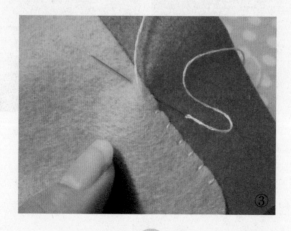

④一直重复步骤③，最后在布上形成平行的竖纹。

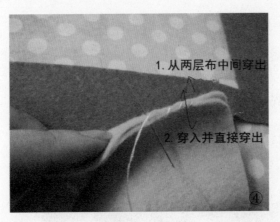

注意：每次针穿出的位置，和上层布边缘的距离要一样，这样最后形成的平行线才是等长的，不然长长短短，歪歪扭扭的，会很难看哦！

4．卷边针

卷边针一般用于两块布的缝合与边缘的加固，是贴布缝的变形。因为针一直都是以同一个方向穿入，所以看起来是螺旋状的图案，所以叫卷边针。

缝法：

①在两层布中间打结，针从一侧穿出，之后将针从另一侧的稍前部位直接穿过两层布，拉紧线。

②重复步骤①，注意保持每一针的间距差不多，最后在边缘形成平行的斜纹。

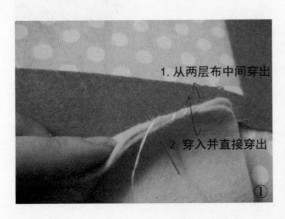

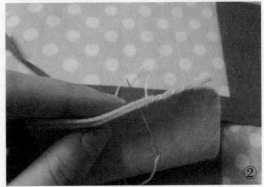

5.锁边针

锁边针一般用于两块布的缝合并加固边缘，缝出来特别牢固，就像锁住了一样，所以叫锁边针。因缝出来的样式美观而被广泛使用，小可就最喜欢锁边针了！

缝法：

①在两层布中间打结，针从一侧穿出。

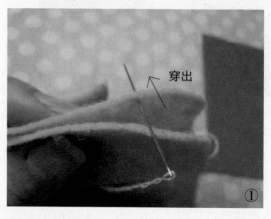

②针再从另一侧的对应位置穿入，注意针从右侧出。

③将线拉紧后，成图示样式。

④针在稍左侧位置穿过两层布，注意出针时针从线上过。

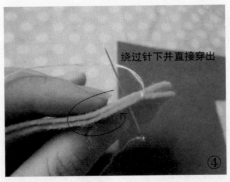

⑤将线抽紧后，成图示样式。

⑥重复步骤④⑤。

⑦最后形成的样式，有一道线勾边，所以叫锁边针。

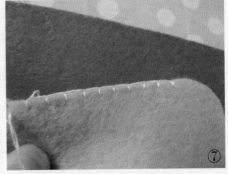

6. 叠色锁边针

一般用于将一块布固定到另一块布上，是锁边针的变形。因为是将一片布叠在另一片布上固定，所以叫叠色锁边针。针法和贴布缝一样，只是比贴布缝多一条勾边线。

①从两层布下穿出，在上层布的边缘穿入下层布。

②再从两层布间穿出，注意针从线右侧出。

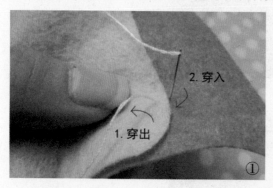
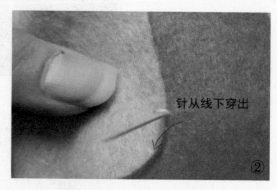

③在稍左边穿入两层布，再于上层布边缘从下层布穿出，注意针从线上过。

④将线抽紧，成图示样式。

⑤重复步骤③，最后形成图示样式。

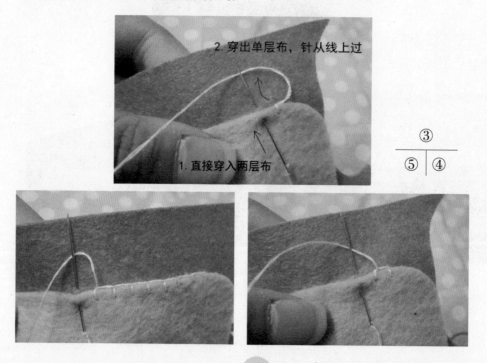

手作前的建议

在开始你们的手工旅程前，小可要给你们几个建议~

第一，无论你想做哪一种手工，做之前一定要把教程先看一遍，脑子里有一个大概的流程，这样才不会在做的过程中卡住，或是弄错顺序，导致做不下去哦！

第二，做手工最怕不相信自己。做手工的过程中，不管你觉得自己做的东西有多难看，请你一定要坚持到最后！不论做什么，都是一点一点积累起来的，小可的第一个手工也很丑的！请一定要相信自己可以做出很可爱的手工！

第三，做手工的时候要专心。虽然这一点很多做手工的孩子都不是很在意，可是小可觉得很重要！因为做手工是一个很精细的过程，不专心的话，不仅容易错漏步骤，还有可能受伤的！小可以前就有一次因为在跟妈妈聊天，就把正在加热的热熔胶枪当成剪刀，然后烫到手了……所以请大家尽可能专心做手工哦！

第四，对自己将要做的手工充满爱！你要把它当成你将要诞生的孩子，不论它是美是丑，都要爱它。有了这样的认知之后，做出来的手工也会美一点哦！因为就像新生儿感受到妈妈的爱一样，你的手工宝宝也会对你的爱有感知的哦！

另外，对于刚开始步入手工领域的孩子们而言，烂尾是很容易发生的一个情况。毕竟刚开始做，什么都不会，只凭着一颗充满热情的心，还是非常容易受打击，失去信心，半途而废的。这里小可有一个避免的方法，那就是——尽量一次性把一个手工做完！

可能大家觉得这算什么破办法，但是很多时候这办法的确实用。如果一次只做一半，那么在你休息的这段时间里，你把它做完的欲望会越来越小，直到最后半途而废。一次性做完的话，就算做得很丑，你很嫌弃它，但好歹它已经是个完整的手工宝宝了。

最后，熟能生巧。这个道理大家都懂，我就不再多说了！

那么，大家加油吧！小可期待大家的作品哟~

Part 2 卡哇伊小物秀出来

云朵表情挂件

有没有很多小姐妹？想不想要一系列特别的标志？那就做一个系列的手机挂件吧！大家一起掏出手机来，我们就是无敌姐妹淘！

造型设计心得和材料颜色搭配

其实本来小可只是想做一个系列的表情挂件而已啦，但是又觉得圆形太单调，爱心形做不出那种软绵绵肉嘟嘟的萌萌的感觉，想了半天才想到云朵这个形状的。云朵给人的感觉就是软绵绵、轻飘飘的，特别可爱，很适合把那些有爱的表情安上去。于是小可就做了这么个系列出来啦！不觉得很Q吗？

至于颜色嘛，小可选择了粉色系～粉色系当然不止粉红色，粉蓝色、粉白色、粉紫色，都给人一种温馨可爱的感觉，做这个系列的表情挂件再适合不过了。

材料工具准备

· 不织布：淡紫色、肉粉色、浅蓝色、米白色、白色五色不织布
· 填充棉
· 龙虾扣挂绳，小圆环
· 黑色、深蓝色、浅蓝色、红色、深粉色、浅粉色、淡紫色、白色棉线
· 剪刀
· 消失笔

云朵表情挂件的制作过程

① 按照纸样剪出五朵云，并用消失笔画出表情。

② 萌萌云表情绣法：黑线绣眼睛、嘴巴，红线绣腮红。

③ 呜呜云表情绣法：黑线绣眼睛、嘴巴，深蓝线绣眼泪（小提示：眼泪的最下端最好不要绣到布的边缘，留点距离哦）。

④ 嘟嘟云表情绣法：黑线绣眼睛、嘴巴，深粉色绣腮红。

⑤ 呆呆云表情绣法：黑线绣眼睛、嘴巴，深粉色绣腮红。

⑥ 呼呼云表情绣法：黑线绣眼睛、嘴巴，红线绣腮红。

⑦ 用锁边针缝合云朵的前后面。

⑧ 缝到头顶部位的时候，将小圆环缝入。

⑨ 最后塞入填充棉，缝合返口。

⑩ 云朵完成

⑪ 将龙虾扣扣入小圆环，就可以挂起来了哦

⑫ 以同样的方法将其他云朵完成

成品展示

幸福元素徽章

对大家来说，幸福是什么？是由什么组成的？怎样才能得到呢？

小可觉得，幸福＝爱＋守护＋一点点幸运，于是有了做一组代表幸福的徽章的想法。

爱心代表爱，翅膀是天使的守护，四叶草当然就代表幸运啦！所以，用心去爱，认真守护，加上一点点 luck，就能得到幸福。

造型设计心得和材料颜色搭配

至于颜色的搭配组合，相信大家都能想得到吧？

爱心自然是红色啦！但是如果表面没什么装饰，会比较单调，所以我加了一片浅粉色的小爱心在上面，这样显得更出挑一些。

翅膀本来应该是白色，配上浅蓝就加强了轮廓，也让小翅膀看起来更梦幻了～。

四叶草的话，小可其实有点偷懒了，因为本来小可的想法是，其中一片爱心形的叶子用浅绿色不织布突出一下的，后来因为实施有点难度，就只用浅绿色的线勾了边～，不过这样也挺好看的，不是么？嘿嘿～！

这一组徽章教给大家，希望大家都能够找到属于自己的幸福！

材料工具准备

· 不织布：桃红色、粉色、浅蓝色、白色、绿色五色不织布
· 别针三个
· 粉色、桃红色、天蓝色、绿色、浅绿色棉线
· 剪刀
· 消失笔
· 热熔胶

制作过程

先来给大家讲解一下红色爱心徽章的制作步骤

① 按照纸样剪出爱心所需布片。
② 用粉色线以贴布缝针法，将粉色小爱心缝到一片桃红色大爱心的中间位置。
③ 将两片桃红色大爱心用卷边针缝合，用热熔胶将别针粘到爱心背面的合适位置
④ 爱心徽章完成。

①	②
③	④

接下来是翅膀徽章的制作方法

① 按照纸样剪出翅膀所需要的布片，并用消失笔在白色不织布上画出翅膀线条。

② 用天蓝色线以回缝针法在白色不织布上缝出翅膀的线条，同时将白色不织布固定到一片浅蓝色不织布的合适位置上。

③ 用蓝色线将两片浅蓝色不织布以卷边针法缝合。

④ 用热熔胶将别针粘到翅膀背面的合适位置。

⑤ 翅膀徽章完成。

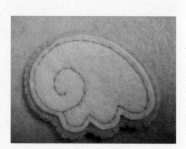
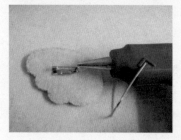
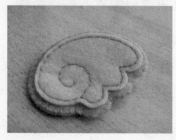

①	②	③
④	⑤	

最后是四叶草徽章的制作方法

① 按照纸样剪出四叶草所需布片，并用消失笔在其中一片绿色不织布上画出四叶草线条。

② 用浅绿色线以回缝针法在绿色不织布上缝出四叶草线条。

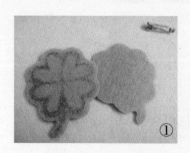
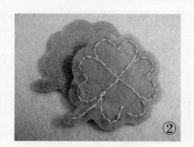

③ 用绿色线以卷边针法缝合两片绿色不织布。

④ 用热熔胶将别针粘到四叶草背面的合适位置。

⑤ 四叶草徽章完成。

都粘好之后就可以别起来啦！

成品展示

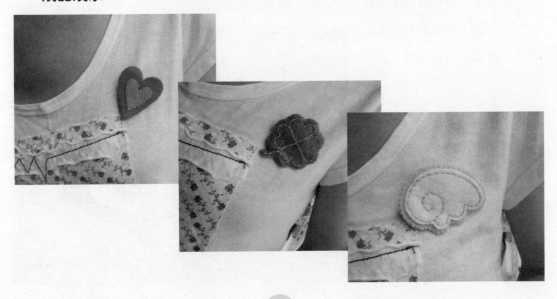

无敌小动物随身镜

有没有随身携带小镜子的习惯？你的镜子够独特吗？够吸引眼球吗？

随身携带一面卡哇伊的小镜子，不只是为了整理仪表，更是自我品味和生活态度的一种体现哦！

现在小可就要教你给自己量身打造一款独一无二的随身镜！

造型设计心得

之所以做了小鸭子和青蛙，是因为小可的两个很要好的朋友，绰号分别是青蛙和小鸭鸭啦！做这样的小镜子带在身边，就好像他们俩在我身边一样，多温暖啊。

这里小可给大家的图纸都是动物造型的（当然，这个主要因为小可比较幼稚，做东西一般情况下只能想到各种各样的动物），而且都是肚皮的地方挖空放镜子～。其实这是没有限制的，你可以做只小老虎，把它的"血盆大口"挖空放镜子，也可以很直接地就做个框，把小镜子放进去。大家的想象力是无穷的，完全不用被小可的肚皮动物镜给局限了！

说实话，我觉得做这个镜子真的很有意思，要是条件允许的话，小可很想做很多很多不一样的小镜子！但是呢，很忧伤的是，这个小镜子，实在是不太好找……木有材料，小可也木有办法呀。所以有镜子的娃儿们，比起已经木有小镜子可以摆弄的小可来说，你们实在太幸福了！所以，千万不要浪费了手里的小镜子，一起给它们穿上漂亮的衣服，华丽大变身吧！

材料工具准备

- 不织布：黄色、橙色不织布（小鸭鸭）；绿色、粉色不织布（小青蛙）
- 小镜子一面（最好是坏掉的，不然还要毁掉一个镜子，多浪费~），
  事先用胶布包一下边，防止划伤手
- 红色、黑色、橙色棉线（小鸭鸭）；白色、
  粉色、绿色棉线（小青蛙）
- 剪刀
- 消失笔

制作过程（以小鸭鸭为例）

① 按照纸样剪出要求的形状（这里为了让大家分清楚表里布，才用了橙色，你们可以直接用黄色的），用消失笔在身上画出五官和尾巴。

② 用贴布缝针法把嘴巴缝到脸上。

③ 在脸上缝出眉毛、腮红、眼睛。

④ 在屁股上缝出尾巴的形状。

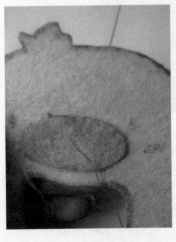

⑤ 双线跑马针缝前表面和前里布的镂空部分边缘。

⑥ 缝完一圈后，将线适当收紧，以防做好之后，镜子掉出来。

⑦ 将镜子夹在两层里布中间，沿着镜子的边缘，用双线跑马针法将前后里布缝合，要缝紧（小提示：这里可以先用少量的热熔胶，把小镜子粘在后里布上，缝的时候就不会滑动了~）。

⑧ 用卷边针或锁边针把四层布缝合锁边。

⑨ 锁边到下半身时，别忘了把脚缝上。

⑩ 完成。

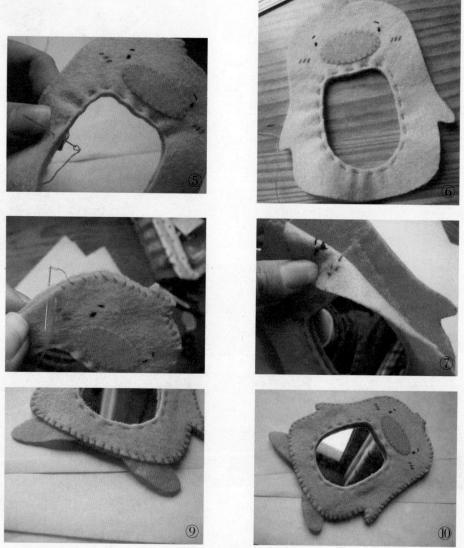

成品展示

水果发圈制作

女生都爱把自己打扮得美美的，对于长头发的女生来说，发圈是个很关键的饰物呢！尤其是到了夏天，大家都把头发扎起来了，想不想在自己头上扎上独一无二的可爱发圈呢？

造型设计心得和材料颜色搭配

大家扎头发一般都是在夏天这种炎热的季节，这种时候水果是个容易吸引眼球的东西~！红红的苹果和草莓，橙色的桔子，绿色的鸭梨，黄色的香蕉，都是鲜艳的水果哦！再加上卡哇伊的各种表情，往头上一放，哇，简直可爱死了嘛！

这里小可教你做两种萌萌的水果发圈，掌握了方法以后，想做什么形状的都OK哦！

材料工具准备

· 不织布：红色、橙色、绿色、棕色四色不织布
· 填充棉
· 黑色皮筋
· 红色、橙色、黑色棉线
· 剪刀
· 消失笔

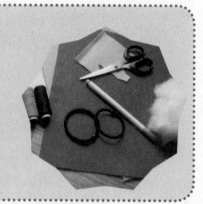

制作过程

① 按纸样剪下苹果和桔子所需零部件，用消失笔在布上画出表情（小提示：不一定按小可给的表情画，可以画上自己喜欢的表情哦~）。

② 用黑色双线回缝针绣出苹果君和桔子君的表情。

③ 将剪下的皮筋固定带的一端，用同色线以回缝针缝到水果君后片背面的合适位置。

④ 将皮筋穿入后，将固定带的另一端也缝好。

⑤ 把两个水果的皮筋都固定好。

⑥ 用锁边针缝合前后片，将叶子和梗放在合适位置，以便缝合。

⑦ 塞入填充棉，缝合返口。

⑧ 将另一个水果也同样缝好。

⑨ 完成！已经可以用来扎头发了哟～。

成品展示

熊猫绕线器制作

听完歌之后，随手把 MP3 一扔，耳机线太长总是缠在一起解不开，是不是很麻烦？买来的绕线器硬邦邦的，容易把耳机线绕变形，也不好……怎么办呢？

小可教你用不织布自己做一个绕线器吧！有了它，就不怕耳机线缠在一起解不开，也不怕把耳机绕坏掉啦！

造型设计及颜色搭配心得

猜猜看，小可是怎么想到做绕线器的呢？哈哈，是因为我们一帮子"狐朋狗友"，都有个动物的代号。然后呢，小可又发现，这些动物都是有肚皮的～，哈哈，刚好有一天自己在缠耳机线的时候，突然想到了这个问题，就发明了这种神奇的小动物肚皮绕线器啦！哈哈，有没有觉得肚皮是种很有用的东西啊？

材料工具准备

- 不织布：黑色、白色两色不织布
- 魔术贴
- 黑色、白色、粉色棉线
- 一小块硬纸板（喜欢硬质绕线器的孩子准备就好啦）
- 剪刀
- 消失笔
- 热熔胶

制作过程

① 按照纸样剪出各个部位。

② 在熊猫身体正面合适位置缝上五官和腮红。

③ 再将肚皮（其实熊猫的肚皮不是黑的，只是这样比较好看，嘿嘿）的上端以回缝针固定到脸的下方。

④ 将熊猫的手用贴布缝固定到身体背面上。

⑤ 用白线跑马针缝合边缘。（小提示：喜欢硬质绕线器的朋友，就该在这里把硬纸板塞到熊猫里了哟～）。

⑥ 把脚缝上。

⑦ 把耳朵也缝上。

⑧ 回缝一圈。

⑨ 剪出一小段魔术贴。

⑩ 将魔术贴修剪出好看点的形状（小提示：这里小可给个建议，毛茸茸的那一面稍大一点，刺刺的那一面稍微小一点，使用起来会比较方便哦）。

⑪ 用热熔胶把毛茸茸的那一片魔术贴粘到肚子上的合适位置。

⑫ 把刺刺的那一片魔术贴，粘到肚皮反面的相应位置。

⑬ 完成～，快绕上耳机线试一试吧！

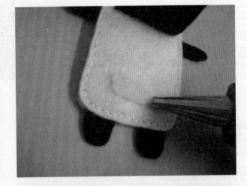

⑪｜⑫
⑬

成品展示

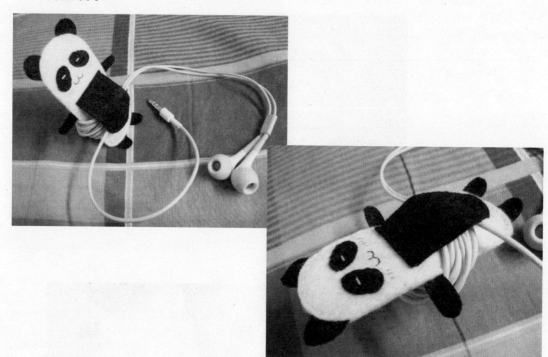

绕线器作品欣赏

小可觉得很多人会需要这样一个绕线器，所以做了好多，送给朋友。

这不，它们在此集合，然后就各奔东西了！不要伤感哦，这可不是小可的最终目的。小可希望这个绕线器在给大家带来方便的同时，也能让大家体会到手工的乐趣。不织布小物件制作的快乐，这才是最终目的。嘿嘿！

Part 3 有爱包包用起来

胡子小鸡手机包制作

大家记得这只贱贱的萌萌的大叔鸡么？它叫胡子小鸡哦～！

造型设计及颜色搭配心得

小可寝室里有个同学特别喜欢鸡，小可又对这种长得贱贱的事物木有抵抗力，刚好那个同学过生日，小可二话不说就哼哧哼哧地做了一个胡子小鸡的手机包送她，哈哈！

现实生活中的小鸡是亮黄色的，嘴是橘黄色的，可以直接用这2种颜色；脸蛋一般是粉色的哦，更可爱，有点拟人化了；再给它一副贱贱的表情就 ok 了，那我们现在开始吧！

材料工具准备

· **不织布：黄色、橙色、粉色、白色、黑色五色不织布**

· **按扣一对**

· **橙色、黑色、白色、黄色、粉色棉线**

· **剪刀**

· **热熔胶**

制作过程

① 按纸样裁剪出胡子小鸡的各个部位，用热熔胶把眼珠粘到眼睛的合适位置。

② 用黑色线以双线回缝针法缝出小鸡嘴巴的分界线，用橙色线以单线叠色锁边针法，将小鸡的嘴巴缝到脸上。

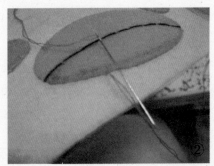

③用白色线以单线叠色锁边针法缝到脸上。

④用黑色线以双线回缝针法勾出眼部轮廓，用粉色单线叠色锁边针缝上腮红。

⑤脸部完成。

⑥将按扣用黄色线缝到两块里布的相对位置。

⑦用黑色线或黄色线以双线锁边针法缝合四层黄色不织布。

⑧打结，收线，完成。

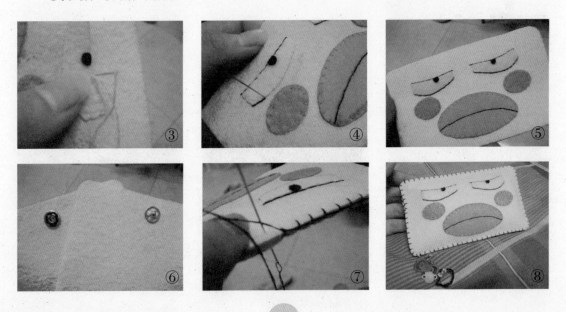

成品展示

手机包作品欣赏

下面这三个分别是小可做的粉红手机包、大梨手机包和小红兔手机包，是不是很有爱啊？有"童鞋"说大梨手机包丑，小声告诉你哦，这个是给男生用的，可以做一个送给心仪的男生哦！

这3款手机包的造型都不是一个类型的。第一个造型比较简约时尚，加上心形，又不失可爱，所以非常适合女生。无论你是时尚，还是可爱型的，或者已经是孩子的妈妈，都可以使用这款；简约大方，绝对没错！

第二款手机包，适合男生，有些个性、比较"爷们"的女生，也会很喜欢这款包包。不要以为它没有市场哦，人不可貌相，哈哈！

小红兔手机包，是不是很多女生已经 hold 不住了？呵呵，小可也很喜欢这款手机包哦，颜色鲜艳，造型可爱！但是这款手机包更适合开朗、童心未泯的女生。因为性格开朗的人，比较喜欢颜色艳丽的东东，而且拿着它不会觉得不好意思。有些女生很害羞，可能拿着这样的包包，会觉得太吸引目光了吧。每件东东都有适合它的主人哦！你挑对了吗？

青蛙包包

夏天到了，小青蛙开始呱呱叫了。看到一桌子的杂物，会不会很烦躁，很想把它们收拾到一起呢？

造型设计及颜色搭配心得

这款小清新的青蛙包包，可以帮你收纳各种东西哦！比如MP5耳机啊，出门时候带的防晒霜、化妆镜啊。这个大小还能用来收藏明信片，或者当杂物收集包哦！

当然，最讨喜的还是小青蛙这一身清爽的绿色啦！在夏天这种炎热的季节，绿色和蓝色是看起来最让人舒适的颜色了。小可选了绿色系，完成了这么一只绿意盎然的小青蛙。怎么样，是不是很萌？呱！

材料工具准备

· **不织布：深绿色、浅绿色、草绿色、白色四色不织布**
· **白色、深绿色、黑色棉线**
· **一小段魔术贴或一颗按扣**
· **剪刀**
· **消失笔**
· **热熔胶**

制作过程

① 根据纸样剪出青蛙和包包的侧边部分，主体部分长度可自定。摆好大致位置，并用消失笔画出青蛙的五官和底布的折线。

② 用贴布缝针法固定好青蛙的眼睛和肚皮，并缝出嘴巴和鼻孔。

③ 用单线回缝针缝一遍底布的两条折线，并用贴布缝针法将青蛙的底边与底布缝合。

④ 用锁边针将两条侧边与表布及青蛙的侧边缝合（小提示：青蛙的头顶留空，可以放东西的哟~）。

⑤ 用热熔胶将魔术贴粘在青蛙头顶上方的底布上（小提示：魔术贴最好是把刺刺的那一面剪得小一点，毛毛的那一面大一点，这样不容易把不织布勾起毛）。

⑥ 将底部的前盖部分修出圆滑的形状，在正面缝上或粘上一片树叶做装饰，再在反面粘上魔术贴。

⑦ 把前盖翻下来，与另一面魔术贴粘牢，完成。

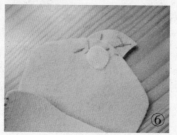

成品展示

Happy Mood 女生私物包

拿着卫生巾去洗手间，要藏藏掖掖很尴尬？小可教你做女生专用的小包包，拿着去洗手间也不会觉得不好意思，说不定还要炫耀炫耀哦！让每个月的那几天也不烦躁，保持好心情！

造型设计及颜色搭配心得

相信私物包的造型大家都是见过的，心里也有个底，就是类似于搭扣钱包的款式嘛！所以做起来也没什么太大难度的，可是要怎么样让它变得很可爱，一看到就觉得很温暖呢？

首先就是颜色搭配啦！小可选择的是紫色系，底色用深紫色，所以不容易脏。内部用了粉紫色、粉红色和蓝紫色，这就让整个包包似乎散发出一股薰衣草的清香一样，有一点点神秘和清新！

再接下来是图案和文字的合理选择了。好吧，这里小可其实是借鉴了 ABC 的姨妈巾上的字啦。Wish you a happy day and a sweet dream！稍微分离，改造了一下，就刚好分成三个区，小太阳和 good morning，两颗爱心和 happy day，以及弯弯月亮和 sweet dream～。怎么样？是不是很温馨，很治愈，很让人爱不释手啊？

哎，话说这只包包是我最自豪的手工之一呢，做完的时候，差点就不舍得送人了！

材料工具准备

- **不织布：各种颜色的不织布（需要的颜色数量较大，就自行决定吧，只要主体部分是差不多的色调就好～）**
- **各色棉线**
- **魔术贴一小段**
- **剪刀**
- **热熔胶**
- **消失笔**

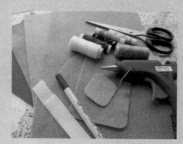

制作过程

① 按纸样剪下主体部分的底布，用消失笔描出折
线，照折线折下。

② 按纸样剪出三个口袋的布。

③ 确认一下位置是否合适。

④ 选择自己喜欢的图案，缝到三个口袋上。

⑤ 三个口袋对应到各自位置，最好用珠针固定一下。

③④
⑤

⑥ 剪出大小不一、颜色不一的若干圆波点，用热熔胶粘到底布背面的合适位置。

⑦ 按纸样剪出搭扣条，以回缝针按痕迹固定到表布背面的合适位置。

⑧ 用跑马针缝左边口袋。

⑨ 左边口袋缝完后，继续用跑马针将旁边的折线缝一遍。

⑩ 用叠色锁边针将中间口袋的直边固定在折线上。

⑪ 剩余部分均用跑马针缝。

⑫ 按纸样剪出爱心，用热熔胶粘到搭扣条的一端。

⑬ 在爱心的反面和底布背面的对应位置粘上魔术贴。

⑭ 完成。

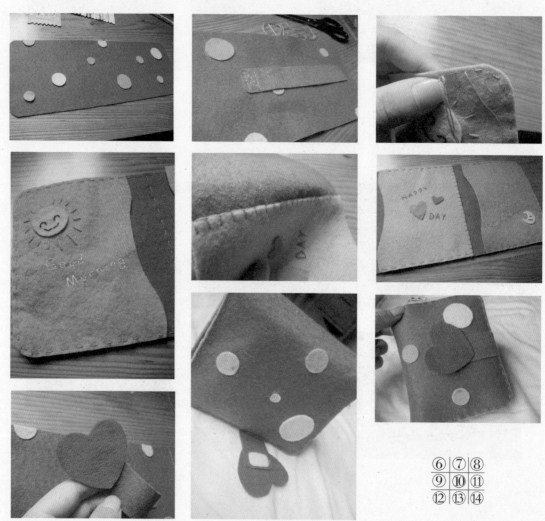

⑥	⑦	⑧
⑨	⑩	⑪
⑫	⑬	⑭

成品展示

各类包包作品欣赏

　　小可除了会做手机包，私物包，还会做比较复杂一些的相机包哦。其实等你自己动手做几次，熟能生巧，你就会掌握一些技巧和窍门，而且"野心"也会越来越大哦！你一定不止想做相机包，还会有更多的想法和创意哦！

　　多练习，多关注你身边的一切，有手艺，有创意，你就会有作品！

骨精灵杂物包

爱心相机包

晴天小猪零钱包

叮呤当啷～，叮呤当啷～，好多硬币啊！揣在身上好不方便啊，怎么办呢？这种时候，是不是很希望身上有个零钱包？没问题！小可教你做个又好用又可爱的猪猪零钱包！它还有个独特的设计哦！

造型设计及颜色搭配心得

不知道大家喜不喜欢粉嫩嫩又呆萌的小猪呢？小可自己是最爱小猪的啦！不管是哼哧哼哧的猪鼻子，还是打个圈儿的猪尾巴，小可都萌到没有抵抗力的，一直都梦想着要养只宠物小猪的说！

说到这个零钱包，它还有个独特的设计哦：它没有拉链，只在小猪的屁股上有个小小的"菊花"，用来塞硬币和取硬币……好吧，我承认这个设计的确有点邪恶，哈哈～！

材料工具准备

· **不织布：粉色、桃红色、白色、黑色四色不织布**
· **按扣一对**
· **白色、粉色、桃红色、黑色棉线**
· **剪刀**
· **消失笔**

制作过程

① 按照纸样剪出所需零件。

② 将耳朵、鼻子、眼睛以及肚皮，以贴布缝针法缝到前表面的合适位置上。

③ 将按扣的两半，分别缝到后表面的洞洞上下的对应位置。

④ 将后表面和后里布叠在一起，用锁边针给洞洞锁边。

⑤ 锁好边后，用一元硬币塞进拿出，试一下洞洞的大小是否合适。

⑥ 将四片布叠在一起，修剪一下不对齐的部位。

⑦ 用锁边针将四片布缝合。

⑧ 完成！可以塞硬币了哦（这个包包容量还是很大的，在小可的朋友圈里很受好评呢）。

①	②	③
④	⑤	⑥
⑦		⑧

后面可以折起来哦，这样就不怕硬币掉出来了！这就是我说的独特设计，嘿嘿！

成品展示

零钱包作品欣赏

看到了吗？零钱包也可以有不同造型，你可以设计成各种你喜欢的小动物，或者一些动画片里的人物，小可就见过哆啦 A 梦造型的零钱包呢。所以说，生活是最好的灵感之源哦！

下面是小黄猫和粉红猪零钱包，初期的话，大家可以照着上面这个制作流程，来试做一下下面任意一款包包。这一本书都做下来，你就是不织布达人！

小黄猫零钱包

粉红猪零钱包

小狮子钥匙包

钥匙很多，没地方放吗？或者经常到处乱扔找不到？你需要一个可爱的钥匙包～，这样就不怕找不到钥匙啦！跟小可一起自己动手，做个卡哇伊的钥匙包吧！

造型设计及颜色搭配心得

其实吧，我一开始还真没打算做狮子的。可是小可我做的钥匙包实在太受欢迎了，身边的人基本上一掏钥匙，全是我做的钥匙包，哈哈，超有成就感的！不过这也就导致我已经做了太多种钥匙包，什么猫啊，荷包蛋啊，蘑菇啊，猴子啊，and so on～，都已经想不出来下一个做什么样子了。于是我想啊想啊想啊，最后突然想起来，有个朋友是狮子座的，我就做个狮子吧！于是这只小狮子就诞生了～。

话说现在小可我做钥匙包实在是太熟练了，基本上只要布料一剪好，15分钟就能搞定一只钥匙包了！最高纪录是一个月做了9个钥匙包哦！很强吧？

材料工具准备

- **不织布：深棕色、浅棕色、黑色三色不织布**
- **填充棉适量**
- **钥匙环一个**
- **皮绳一段**
- **深棕色、浅棕色、黑色、红色棉线**
- **剪刀**
- **消失笔**

制作过程

① 按纸样剪出主体部分，在脸上用消失笔画出五官。

② 剪出五官，缝在脸上（可以选择是要缝腮红还是麻子，小可喜欢麻子，吼吼）。

③ 将脸蛋用贴布缝法缝到一片鬃毛上，可以在里面塞点棉花。

④ 将钥匙环用皮绳穿起，在皮绳的尾端打结。

⑤ 从两侧之一的下端开始，用锁边针缝合四层鬃毛的上半部分（小提示：从两侧下端开始缝合，是因为钥匙包的下面是开口的，口的大小从这一步开始就要决定好咯）。

⑥ 缝到头顶时，将皮绳＋钥匙环放进去，打好的结露在外面（小提示：不要把皮绳缝死了啊！那就动不了了！）。

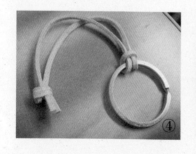

⑦ 缝到另一侧的对应位置时，将下半部分（也就是开口部分）的四层不织布，分为两层两层缝合。

⑧ 缝合其中两层不织布，可以塞少许填充棉。

⑨ 到另一侧交叉口时换方向，缝合剩下两层不织布。

⑩ 缝到交叉口，你会发现刚刚好把整只都缝完了，所以一定要从某个交叉口开始缝合哦！

成品展示

钥匙包作品欣赏

　　威武霸气的小狮子看过了，我们看点可爱萌的怎么样？小可很擅长做一些可爱的小物件哦。看看下面的小蘑菇和小鸡钥匙包，是不是瞬间就打动了你啊？这样可爱的东东，只要是想得出来，就可以做得出来哦～！

小蘑菇钥匙包

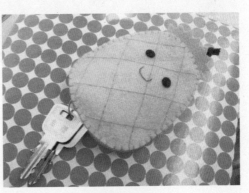

小鸡钥匙包

大头妹和粉红猪妹看似复杂了一点点，其实都是一样的道理啦，你只要想得到，并不难下手。

大头妹钥匙包

粉红猪妹钥匙包

牛牛和猫头鹰情侣，是以身边的动物为原型的，做的时候，要尽量突出它们的特点。比如说牛一般是棕色的，而且看起来笨笨的，憨憨的。猫头鹰的眼睛很大，两个小耳朵是立起来的，然后再给它们加上一些点缀和修饰，就可以了。

牛牛钥匙包

猫头鹰情侣钥匙包

Part 4　可爱东东摆起来

草莓生日蛋糕

朋友过生日的时候，是不是不知道送什么生日礼物好？送买来的礼物，怕不合对方心意。买蛋糕吧，吃完了就没了，不能永久保存。那就跟小可学做手工生日蛋糕吧！保证你的朋友爱不释手！

造型设计及颜色搭配心得

这生日蛋糕吧，说难也不难，但是要说简单，却也不是那么容易滴！不管是小草莓的缝制，还是奶油丝的固定，都需要很细心很耐心的！巧克力牌上的文字，也是对绣功的考验哦！

这里给大家说一下我做蛋糕过程中的几个小心思吧。第一就是蛋糕外侧的花边，本来是用和内侧一样的粉色不织布就可以的，但是我想让这个蛋糕更独特一点，就用了粉色的波浪花边，怎么样，不觉得更少女更浪漫一点了吗？还有草莓下面的奶油花，为了让整个蛋糕看起来不那么单调，我用了粉、白间隔的奶油丝做奶油花，这样看起来蛋糕的颜色就更丰富更跳跃一些了～。

大家也可以在制作过程中添加一些自己的想法，改造出更加独特的蛋糕哦！

材料工具准备

· 米色、白色、粉红色、红色、咖啡色五色不织布
· 粉色花边（做夹心用）
· 填充棉，与不织布颜色相应的各色棉线
· 剪刀
· 热熔胶

制作过程

①–A. 单个小蛋糕的材料：这个生日蛋糕是由 6 个小的三角蛋糕组成的，记得要剪 6 份哦！

①–B. 巧克力牌的材料：在米色的平行四边形布片上，缝上你想对寿星说的话，最常用的是 HAPPY BIRTHDAY ^_^。

①–C. 外圈夹心的材料：将粉色的花边剪成与小三角蛋糕外侧面宽度一样长的 6 段。

② 将巧克力牌用热熔胶粘好。

③ 按照图示方法缝制小草莓。

④ 缝制花型奶油条。

⑤ 将草莓固定到奶油条上。

⑥ 小三角蛋糕顶部完成。

⑦ 把 6 个小蛋糕的顶部都缝好（小提示：奶油条可以用不同颜色交错的哦。小可就是粉色和白色交替的，更美观）。

⑧ 将内侧面夹心摆放到内侧面的合适位置，可以用珠针固定一下。

⑨ 用贴布缝针法将夹心缝到内侧面上。

⑩ 把 12 片内侧面的夹心都缝好。

⑪ 将粉色花边对应到蛋糕外侧面的合适位置。

⑫ 用热熔胶把花边固定到外侧面上。

⑬ 把 6 个外侧面的夹心都粘好。

⑭ 给小蛋糕整体构型一下，脑内构思好再开始缝合。

⑮ 开始缝合，用卷边针就可以了，用锁边针也 OK。记得留一个口塞棉花。

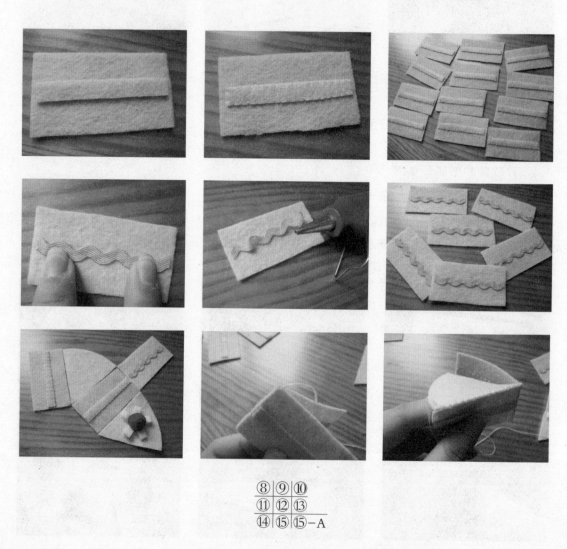

⑧	⑨	⑩
⑪	⑫	⑬
⑭	⑮	⑮-A

⑮-B	⑮-C	
⑮-D	⑮-E	⑮-F

⑯ 塞入填充棉，缝合返口。

⑰ 把 6 个小蛋糕都缝好。

⑱ 摆上巧克力牌，完成。

成品展示

糕点作品欣赏

我非常喜欢做不织布糕点系列，因为很多朋友都很喜欢，所以做了很多送人，呵呵。小可我还是蛮大方的哦。

看，这款泡芙是不是看了有很胃口啊！可别往嘴里送啊，虽然它确实很能引起人的食欲。小可承认做的时候很邪恶地想过，要让看过的人都流下哈喇子的。嘿嘿～。

泡芙

下面的这个水果蛋糕卷，看起来比较麻烦一些，其实是做好几个东西缝在一起的。草莓、桔瓣、奇异果等，用颜色合适的不织布，可以做得很逼真。

是不是有同学会问，做不织布糕点有什么用呢，不能吃，看着又馋？其实不是这样的，听小可给你说，这个不仅可以送给喜欢的朋友，让友谊更甜蜜，而且还可以作为装饰，点缀房间，让家里更温馨。

小兔子笔筒

每天喝饮料，塑料瓶子积了一大堆，有没有想过要废物利用呀？

小可寝室阳台上有一整箱的空塑料瓶，取之不尽，用之不竭啊！于是小可就想，做个笔筒怎么样？然后呢，小兔子笔筒就诞生了，然后送人了；又诞生了，然后又送人了……

造型设计及颜色搭配心得

兔子造型的东西，小可做得太多了。好像很多人问我讨手工，都是要兔子的，什么兔子挂件啊，兔子手机包啊，兔子卡包啊……以至于现在我一想到兔子就头大 >_<。不过我个人很喜欢在做兔子的时候加上个胡萝卜，所以这次，为了胡萝卜，我又做了兔子，哈哈～。

当然，大家不用非要做兔子啦，喜欢什么图案，就做什么好啦！

好了，接下来就让小可教你做个轻巧又可爱的笔筒吧！看腻了还可以随时换，送人也很赞哦！

材料工具准备

· **不织布：蓝色、白色、红色、绿色四色不织布**
· **矿泉水瓶一个**
· **少量填充棉**
· **白色、粉色、红色、黑色、蓝色棉线**
· **剪刀**
· **热熔胶**
· **消失笔**
· **直尺**

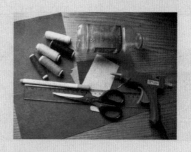

制作过程

① 用直尺及黑笔在矿泉水瓶上画出裁剪线。

② 用剪刀按裁剪线裁剪。

③ 裁剪完后，用直尺测量筒高。

④ 剪出两条足够长的不织布条，宽度要大于筒高 5~6 毫米（小提示：想在筒身上绣字的话，在这一步就要绣了）。

⑤ 按照筒的内外径，将不织布裁剪到合适长度。

⑥ 以筒内径为模，用消失笔在不织布上画出笔筒的底部形状。

⑦ 剪出底部。

⑧ 用热熔胶将筒的内围和外围粘好。

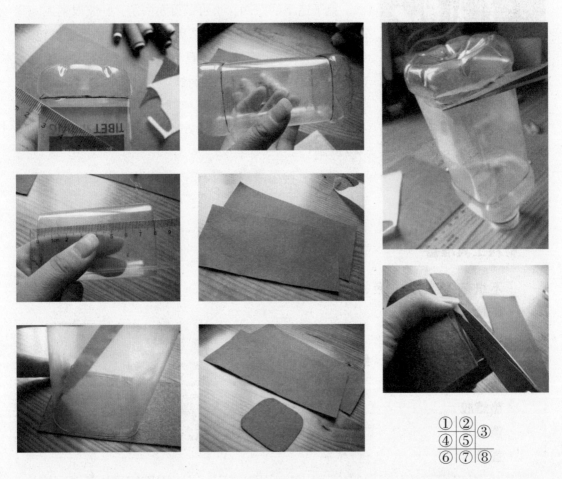

①	②	③
④	⑤	
⑥	⑦	⑧

⑨ 用锁边针将筒的一边锁边，将底部以卷边针固定到筒上锁好边的一侧。

⑩ 用锁边针给筒的顶部锁边，筒身完成。

⑪ 按纸样剪出两片小兔子的脸部。

⑫ 用黑色线修出小兔子的五官，粉色线绣出腮红。

⑬ 用锁边针缝合小兔子的前后面。

⑭ 向小兔子内塞入填充棉，缝合。

⑮ 按纸样剪出胡萝卜，用白色线绣出纹路，用热熔胶粘合。

⑯ 将小兔子和胡萝卜用热熔胶粘到筒身上，完成。

⑨	⑩	⑪
⑫	⑬	⑭
⑮	⑯	

爱心小熊相框

买来的相框又贵又重，还不一定合心意，心爱的照片都没有合适的地方放了。那就自己做一个不织布相框吧！又轻便又有爱，看着就有好心情～。

造型设计及颜色搭配心得

相框是送给高中同桌的生日礼物。小可觉得高中时期最珍贵的，就是和她在一起点点滴滴的回忆。想了想，就去洗了几张自己和她的照片，然后就想到要做个相框给她了。

做相框的时候，我想做个横着竖着都好用的，就自己先拿硬纸板实验了一下那个支架的固定位置和形状，实验完了才开始做的。所以大家不要小看这个相框哦，虽然简单，但是自己做的话，还是需要一些科学道理的，嘿嘿！

材料工具准备

· **不织布：深蓝色、浅蓝色、白色、黄色、红色不织布**
· **蓝色、白色棉线**
· **剪刀**
· **热熔胶**
· **消失笔**

制作过程

① 按照自己的照片大小，剪出深蓝色背部、浅蓝色框架，按纸样剪出红色爱心及黄色小熊布片。

② 在小熊脸上绣好表情，缝到浅蓝框架的一角。

③ 在红色爱心上绣出自己喜欢的单词，将爱心布片用热熔胶粘到小熊的对角位置。

④ 按图示－支架位置剪出合适大小的支架，以跑马针缝到背部的合适位置。

⑤ 剪一段比支架稍短的深蓝色不织布，用热熔胶粘在支架上以加固支架。

⑥ 剪出一条白色不织布条，以倾斜的方式排在前框上。

⑦ 确定好位置后，用热熔胶将白色布条粘好。

⑧ 按照图示－粘合位置中的蓝色部分，将前框用热熔胶粘到背部。

⑨ 完成，横向和纵向都能站立哦～。

①	②	③
④	⑤	⑥
⑦	⑧	

照片大小

粘合位置如图所示

⑨

支架位置如图所示

成品展示

小鲸鱼挂牌

经过礼品店，有时候能看到很有爱的欢迎挂牌，一下子就会觉得这家店很温馨。想不想在自己的店门口或是家门口，也挂上一个可爱到爆的挂牌呀？

小可教你做个无敌卡哇伊的欢迎挂牌，绝对把来拜访的客人都萌翻！学会了之后，还可以自己创造哦！

造型设计及颜色搭配心得

至于为什么会想到要做一只小鲸鱼，其实主要是因为小可自己很喜欢蓝色啦。把深浅不一的各种蓝色搭配在一起，是一件看起来特别清爽、特别舒心的事情，不是吗？但是只有蓝色，又觉得色调比较单一而且偏冷，所以缝一只可爱的小鲸鱼，再点缀一颗粉色的小爱心，整个挂牌的颜色就活泼跳跃起来了。

当然，并不是说只有鲸鱼才是最好看的，只要颜色搭配得巧妙和谐，做出来的东西都会让人眼前一亮哦！

材料工具准备

- 不织布：白色、黑色、天蓝色、水蓝色、深蓝色、桃红色不织布
- 适当长度的棉绳
- 填充棉
- 浅蓝色、天蓝色、粉色、黑色、白色棉线
- 剪刀
- 热熔胶
- 消失笔

制作过程

① 在深蓝色不织布上，试写要写在挂牌上的字，画出合适大小的挂牌轮廓。（这里写什么文字可以根根据你的需要自行发挥～）

② 剪下合适大小的深蓝色布片，修剪形状。

③ 再剪下一片一样大小的深蓝色布片。

④ 按纸样剪出两条深蓝色的不织布条。

⑤ 按纸样剪出小鲸鱼的各个部件。

⑥ 在小鲸鱼脸上合适位置，缝上眼睛和腮红。

⑦ 将小鲸鱼的肚皮用贴布缝固定到小鲸鱼身上的合适位置。

⑧ 将小鲸鱼的前后片用卷边针缝合（记得把喷出来的水花嵌入），塞入填充棉。

⑨ 缝合返口，捏几下调整形状，小鲸鱼完成。

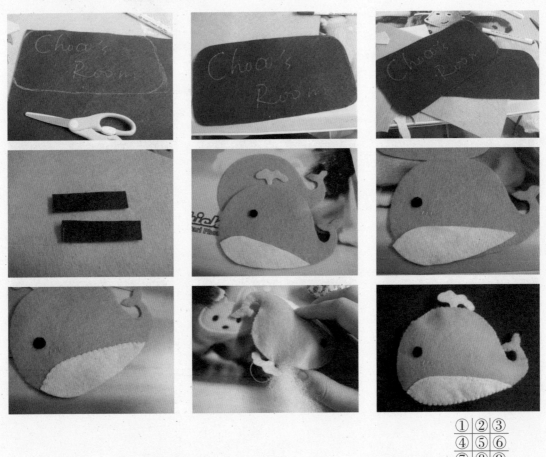

①	②	③
④	⑤	⑥
⑦	⑧	⑨

⑩ 在水蓝色不织布上，用消失笔写出字形，注意间隔位置不要太小。

⑪ 将字剪出，在深蓝色布上摆放，调整位置。

⑫ 用热熔胶将字按照摆放位置固定。

⑬ 可以用桃红色不织布剪出一颗爱心，贴上作为装饰（不然整体太蓝了）。

⑭ 用双线跑马针开始缝合挂牌前后片。

⑮ 将前面剪出的小布条对折缝入，作为挂绳口，位置按喜好自行调整。

⑯ 另外一边的小布条也对称缝好。

⑰ 塞入填充棉。

⑱ 缝合返口，调整形状。

⑲ 将棉绳的一头绑入固定好的挂绳口。

⑳ 另一头也对称绑好。

㉑ 将小鲸鱼用热熔胶粘到挂牌的合适位置，完成。

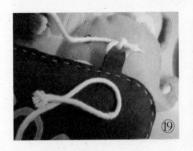

成品展示

挂牌作品欣赏

小鲸鱼挂牌是给宿舍做的，白猫门牌可以挂在一些店里。这个门牌的正面是：营业中。背面可以写上：准备中。当然，你也可以将这个门牌改造一下来确认地点，比如门牌上可以写：小可家。

喜欢的话，就自己动手试一试，白猫你可以换为其他动物或者人物，颜色也可以根据自己的喜好或者用途来搭配一下。要注意亮色和暗色搭配，不要太暗，看着没有生机。

白猫门牌

玫瑰首饰盒

　　每当在橱窗里看到美美的精致首饰盒，小可总是很想买，又觉得太贵而且不实用。搬家的时候，用完了一筒宽胶带，妈妈问我胶带芯有没有什么用。我看着看着，一瞬间两眼冒光：我可以自己做一个首饰盒嘛！于是屁颠儿屁颠儿地拿来胶带芯就开工了。

造型设计及颜色搭配心得

　　小可一直很向往那种看起来很浪漫的首饰盒的，所以想了很久，才想出做什么款式。玫瑰花当然是浪漫的首选了，奶油泡芙嘛，其实只是觉得奶白色作为搭配很有 feel！蕾丝花边和波浪花边很少女，加上去之后一定也是很美的！最后做出来，小可真是爱死自己了，太好看了，哇咔咔！

　　后来因为做了第二个，小可就把之前做的那个放在格子铺里卖，结果有个外国MM 很喜欢，买去了。听格子铺老板说了之后，小可超激动的，外国MM 哎~，太有成就感了！

　　那么你呢？想要一个纯手工的美美的首饰盒吗？那就跟着小可一起动手吧！

材料工具准备

- **不织布：桃红色、粉色、白色、浅绿色四色不织布**
- **宽胶带筒一个**
- **硬纸板一块**
- **蕾丝花边一条，波浪花边一条**
- **桃红色、粉红色、白色棉线**
- **剪刀**
- **消失笔**
- **热熔胶**
- **直尺**

制作过程

① 按纸样剪出 6 个白色泡芙。

② 用白线逆时针穿过 8 个角。

③ 将线抽紧，打结剪断，泡芙完成。

④ 将 6 个泡芙都完成。

①	②
③	④

⑤ 用绿色的不织布剪出 3 片叶子形状。

⑥ 按纸型剪出 6 片粉色五边形花瓣。

⑦ 将一片花瓣以五边形的一条边为底边卷起。

⑧ 将另一片花瓣包裹在花瓣外卷起。

⑨ 将 6 片花瓣都卷起。

⑩ 用线在靠近底部处穿入，绕几圈，抽紧，打结剪断。

⑪ 整理一下花瓣，可以适当修剪，玫瑰花完成。

⑫ 以胶带筒为模具，以内径在硬纸板上描出两个圆。

⑬ 剪出两个硬纸板圆片。

⑤	⑥	⑦
⑧	⑨	⑩
⑪	⑫	⑬

⑭ 以胶带筒外径，在桃红色不织布上用消失笔描出 4 个圆。

⑮ 剪出 4 个不织布圆片。

⑯ 将一片硬纸板圆片放入两片不织布圆片之间的正中位置，可用热熔胶稍微固定。

⑰ 用锁边针将两片不织布圆片缝合，完成盖子部分。用同样的方法完成底部。

⑱ 用直尺测量胶带筒的筒高。

⑲ 裁剪出两条足够长的桃红色不织布，宽度要比胶带筒高多出 5~6 毫米。

⑳ 将不织布条与胶带筒的内径和外径对比，裁剪掉过长部分。

㉑ 将裁剪后的内径布条放入胶带筒内侧，调整好位置。

㉒ 用热熔胶将接口处粘牢。

㉓ 外径布条裹到外部，调整位置。

㉔ 用热熔胶粘合接口。

㉕ 内外部都粘好后，调整一下非接口处的不织布的位置。

㉖ 用双线锁边针缝合胶带筒侧面余出的不织布。

㉗ 将两侧都缝好。

㉘ 将底部用双线卷边针法固定到筒部上（这里的针脚丑也没关系，后面会用花边遮掉）。

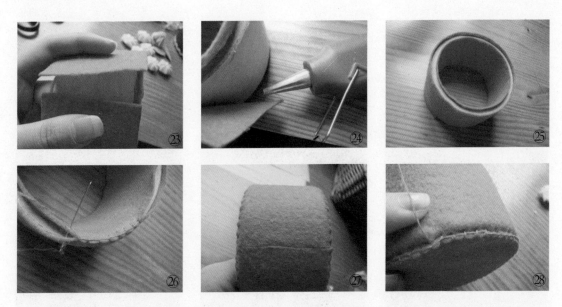

㉙ 完成后，翻过来放在桌面上，看一下底板是否够平整（若不够平整，可能是因为圆剪得太大了）。

㉚ 剪出与筒部周长等长的蕾丝花边和波浪花边各一条。

㉛ 将波浪花边用热熔胶粘在底边一圈。

㉜ 粘好后检查一下，最好能把底边的针脚都遮掉。

㉝ 同样的方法将蕾丝花边也绕筒一圈，粘在筒壁上。

㉞ 将盖子用卷边针固定在筒的上边缘，缝 8 针左右就够了。嫌不够牢固的，可以再回缝一遍。

㉟ 掀开盖子，试一下盖子固定得是否牢固。

㊱ 盖上盖子，将 6 个泡芙围成一圈，用热熔胶粘到盖子上。

㊲ 将一片叶子粘到泡芙的中间。

㊳ 将玫瑰花粘到叶子上。

㊴ 将另外两片叶子粘到玫瑰花上，将玫瑰花的缝线处遮住。

㊵ 完成。

成品展示